OBSERVATIONS

DES

PROPRIÉTAIRES DU TROUPEAU DE NAZ,

SUR LA LETTRE

QUE LEUR A ADRESSÉE M. LE COMTE DE POLIGNAC,

A LA DATE DU 10 MARS 1828.

Deux questions très-distinctes, quoique se liant entre elles sous beaucoup de rapports, font le sujet des dernières publications de M. le comte de Polignac (1).

La première concerne les modifications à apporter au tarif d'entrée des laines fines étrangères, dans l'intérêt de la production nationale. La seconde ne porte que sur le meilleur système à adopter pour l'éducation des bêtes à laine.

Nous avons eu le malheur de n'être d'accord avec cet honorable propriétaire, ni sur l'une, ni sur l'autre

---

(1) *Requête présentée au Ministre de l'intérieur, sur la nécessité de la prohibition des laines fines étrangères* (1827).

Réponse à la Lettre de MM. Girod (de l'Ain) et vicomte Perrault de Jotemps, etc. (1828).

Pétition à la Chambre des Députés, etc.

de ces questions. Il assure que nous les avons éludées, en laissant sans réponse ses principaux argumens; il nous semble, au contraire, que, sans prétendre les traiter à fond dans le petit nombre de pages que nous avons eu l'honneur de lui adresser, nous les avons considérées sous les aspects les plus essentiels... Mais nous ne pouvons nous persuader que M. le comte de Polignac ait pris la peine de lire notre Lettre, pas plus que ceux de nos autres écrits auxquels nous nous étions référés (1); car, il faut le dire, il n'a sur la tenue de nos troupeaux, sur les principes que nous mettons en pratique, et sur nos doctrines en général que des idées fort inexactes; à chaque instant il nous fait dire ce que nous n'avons pas dit, professer le contraire de ce que nous avons conseillé, et comme si les bergeries de Naz étaient situées au fond du Thibet, ou dans quelque autre contrée lointaine et inaccessible, et qu'on ne pût se procurer qu'avec grande peine quelques notions incertaines sur ce qui s'y passe, il se laisse aller, en en parlant, aux erreurs les plus palpables; il s'empare, par exemple, d'un vague renseignement contenu dans un billet de M. le baron de Jessaint et qui s'appliquait à deux béliers de la race de Naz nés dans les bergeries de *Beaulieu*, et fait là-dessus une grande dépense de raisonnemens et de calculs pour établir que la seule nourriture de chaque bête nous coûte *à Naz* de vingt-deux à vingt-trois francs par an!... C'est en vérité se donner bien de la peine pour arriver à un

---

(1) *Nouveau Traité sur la laine et les moutons* (Huzard 1824).
Troisième Bulletin de la Société pour l'amélioration des laines, etc.
Lettre à M. Lullin de Châteauvieux, et sa Réponse (Bibliothèque universelle, à Genève).

résultat aussi erroné. M. de Polignac se plaint de ce que nous avons, en publiant le prix qu'il avait obtenu de ses laines, pénétré dans le secret de ses affaires et *affiché sa fortune au rabais dans le même écrit où nous faisions mousser la nôtre*... : au moins, n'avons-nous rien dit à cet égard que nous n'eussions cru avoir appris de sa propre bouche; car sans qu'il nous eût donné tous les détails que renferme son dernier écrit, sur les prix qu'il a obtenus depuis un certain nombre d'années, nous avions le souvenir très-présent de lui avoir entendu dire à lui-même que ses primes n'avaient été vendues qu'environ *quinze francs le kilogramme lavées à chaud*; prix, au surplus, qui se trouve encore au-dessus de la moyenne des quatre dernières années, puisqu'il reconnait lui-même que cette moyenne n'a été que de *douze francs quatre-vingt-trois centimes* (1).

Mais pourra-t-on croire que ce soit auprès de nous qu'il soit venu chercher les renseignemens desquels il a cru pouvoir conclure que nos troupeaux vivaient toute l'année à la bergerie, et que c'était là le seul régime qui convient aux animaux superfins...? Nous avons vu à *Altenburg*, dans l'une des nombreuses bergeries qui peuplent ce vaste domaine de l'archiduc Charles, une division de troupeau qu'on entretenait toute l'année à la bergerie et on se flattait d'obtenir, par ce moyen, des toisons mieux conservées, et par conséquent une laine plus douce, plus moelleuse et peut-être même plus fine....

M. le comte de Salm nous a aussi assuré avoir, pendant

(1) C'est bien d'ailleurs le prix de nos *primes du commerce*, et non point celui *d'un choix d'extra-prime*, que nous avons comparé au prix *des primes du commerce* de M. de Polignac.

trois années consécutives, habillé le troupeau qu'il possède en Moravie et avoir constaté, comme résultat de cette méthode, une notable amélioration dans la qualité de ses laines.... Ces deux faits et plusieurs autres du même genre viennent à l'appui des observations que nous avons consignées dans le *Nouveau Traité* (chapitre premier, cinquième section) sur l'importance de préserver autant que possible les toisons des fâcheuses influences des circonstances extérieures...; mais nous est-il venu dans l'esprit de conseiller à qui que ce fût, ou d'adopter nous-mêmes de semblables pratiques, qui entraînent évidemment des frais hors de proportion avec le profit qu'on en peut retirer...? Non, nous n'avons pas, comme l'archiduc Charles, les magnifiques prairies arrosées du *Marien-au*, qui lui permettent de consacrer à de semblables essais le superflu de leur immense production en fourrages, et nous n'en sommes pas encore venus au point d'habiller nos animaux pour mieux préserver leurs toisons. Si M. le comte de Polignac nous avait fait la grâce de nous demander le compte détaillé de ce que nous coûtent nos bêtes à nourrir, au lieu de s'en tenir pour l'établir aux deux lignes du billet de M. le baron de Jessaint, nous nous serions empressés de lui fournir, à cet égard, tous les renseignemens qu'il aurait pu désirer.... Mais non, sans tenir aucun compte des chiffres que nous avons tant de fois posés (1) sur les dépenses comparées aux produits des bêtes de grosse et de moyenne taille, il a mieux aimé nous supposer un système qu'il pût combattre plus à son aise.... C'est en

(1) Notamment dans le *Troisième Bulletin de la Société d'amélioration des laines*.

vain, néanmoins, qu'il a fait tant de frais d'imagination : nos calculs, nos raisonnemens restent entiers et jusqu'ici nous ne voyons rien qui doive nous empêcher de persister dans les conséquences que nous en avons tirées.

Notre surprise, nous l'avouons, a été extrême quand nous avons vu M. le comte de Polignac nous reprocher d'avoir essayé de déprécier ses produits au moment de la vente annuelle de ses laines et de ses animaux et lorsque le Jury national allait être appelé à prononcer sur le mérite de chacun.... Certes, pareille intention était bien loin de notre pensée et nous n'aurons pas de peine à nous justifier auprès des personnes qui nous connaissent... Mais si, même innocemment, nous nous étions donné de semblables torts, M. le Comte ne serait-il pas encore plus coupable que nous? A-t-il donc oublié que c'était à une attaque de sa part que nous nous étions vus forcés de répondre? N'a-t-il pas, *le premier*, dans les mêmes circonstances qu'il signale, donné l'exemple d'entretenir le public de tiers-intérêts, au risque de leur nuire? C'est, sans les connaître et sans se donner la peine de les étudier, qu'il n'a pas hésité de critiquer publiquement les résultats de trente années d'efforts et de succès dans les voies du perfectionnement..; n'avions-nous pas, comme lui, au mois de juillet 1827, des laines et des animaux à vendre, et des encouragemens à espérer? Ce n'est pas la faute de M. le Comte, si nos ventes ne se sont pas ressenties de ses attaques...; quant au rang auquel nous nous flattions d'avoir droit, nous avons pu nous contenter *du premier*, que le Jury nous a de nouveau assigné.

Nous avons pu également nous trouver suffisamment récompensés par les augustes suffrages de la Couronne.

qui, sans que nous ayons songé à solliciter cette haute faveur, est venue confirmer notre supériorité, en ordonnant l'achat de plusieurs étalons de Naz pour en faire don à M. le comte de Polignac lui-même, et aux fermes-modèles des *Bergeries* de *Grignon* et de *Roville*.

Enfin, nous gardons le souvenir de la manière unanime et péremptoire avec laquelle nos principes furent soutenus par l'élite de nos manufacturiers, réunis en grand nombre à l'audience que leur donna Son Exc. le Ministre de l'intérieur à l'époque de la dernière Exposition. Là on entendit les *Ternaux*, les *Lemoine des Mares*, les *Cunin* et *Bernard*, les *Bacot*, les *Ribouleau Jourdain*, les *Turgis*, les *Quesné*, les *Guibal Anne Veaute*, les *Clerc neveu* et autres notables fabricans, tous juges compétens de la question, insister sur l'impérieuse nécessité de l'amélioration, déplorer les effets du fâcheux système généralement adopté en France dans l'éducation des troupeaux; faire des vœux pour que l'exemple des propriétaires des bergeries de Naz fût suivi; proclamer la supériorité des produits de ces bergeries, et promettre à l'agriculture française un meilleur avenir si elle parvenait à en créer de semblables en suffisante quantité.

Nous n'ignorons pas que M. de Polignac a aussi des partisans de ses doctrines agricoles et des amis : quand on lui assure (voyez page 65) que notre crédit est plus grand que le sien, il n'est pas probable qu'il se laisse aller à le croire. Nos écrits ne sont pas, comme les siens, répandus, par les soins de certaines Autorités, dans plus d'une partie de la France; des agens officiels n'ont pas *ordre* de propager notre système, mais bien *de le combattre de toute leur influence*. Mais, quoi qu'il en soit du plus ou moins de bienveillance qu'ait attiré sur nos efforts l'attaque de M. le Comte, il lui siérait mal de se plaindre que nous ayons répondu à cette attaque, et il voudra bien se rappeler que, pour les déprécier et les combattre, il avait entretenu le public de nos produits, de nos établissemens, de nos théories, avant qu'il nous fût arrivé de citer les siens dans aucun de nos écrits.

Les draps faits avec la prime de M. de Polignac ont été vus à l'Exposition, chacun a pu les comparer à ceux que présentaient les manufacturiers qui s'étaient procuré une plus belle matière première.... Quand, le lendemain de la distribution des médailles décernées par le Jury, M. Nicolas Raulin se plaignait, en notre présence, du rang qui lui avait été assigné, il insistait particulièrement sur ce qu'on n'avait pas tenu compte des efforts qu'il avait faits pour tirer parti de la matière première qu'il avait eue à mettre en œuvre.... *Si Messieurs les membres du Jury*, nous disait-il, *avaient examiné mon drap à l'envers, ils auraient vu ce qu'était la laine que j'avais employée; ils eussent alors jugé que j'avais eu plus de mérite à faire, avec une semblable laine, le drap que j'ai exposé, que n'en avaient eu MM. Cunin, Bacot, Jourdain et autres, de faire leurs magnifiques draperies avec de la laine de Naz ou de Saxe.*

Sans doute que dans ce que disait là M. Nicolas Raulin, pleine justice n'était pas rendue à ses habiles confrères; mais aussi il n'y avait rien de bien flatteur pour les primes de M. le comte de Polignac, et nous persistons à croire que l'opinion générale de nos manufacturiers est qu'il a encore du chemin à faire pour arriver au degré de perfection qu'on doit se proposer d'atteindre.

M. le Comte s'appuie cependant aussi de l'opinion des fabricans; il leur a, dit-il, soumis ses écrits avant de les publier; ils ont approuvé ses doctrines et l'ont fort encouragé à les soutenir envers et contre tous..... L'allocution qu'il met dans leur bouche est pressante...; mais comment se fait-il que ces fabricans, se cachant derrière M. le Comte, évitent de se montrer, ou tiennent à d'autres un langage tout différent de celui qu'il leur prête? Nous sommes en relation avec un assez grand nombre des plus notables d'entre eux, et, en vérité, nous n'avons trouvé chez eux qu'opposition formelle aux mesures proposées par M. le comte de Polignac.

Les plaintes que nous pourrions élever contre les erreurs, les inexactitudes, les fausses interprétations, et, nous irons même jusqu'à dire, les insinuations peu charitables de M. le comte de Polignac, paraîtraient à tout juge impartial bien plus fondées que les siennes... Nous tenons en main son dernier écrit, et à chaque page, à chaque paragraphe, nous sommes forcés de nous écrier: Est-ce bien sérieusement qu'on a pu imprimer cela?... où M. le Comte a-t-il pris cela?..... Nous n'avons pas dit un mot de cela..... Quelle erreur!..... Quel raisonnement!..... Fausses bases!..... Fausses conséquences!..... etc., etc....., et, cependant, tout cela peut être lu par nombre de personnes, qui, adoptant sans les approfondir et de confiance les calculs et les raisonnemens, courent aux conclusions, et proclament l'immense service rendu par l'auteur à l'agriculture et à l'État... Il faudrait, pour réfuter complétement la Lettre de M. le Comte, la réimprimer tout entière avec des notes, des commentaires et des observations presque sur chaque ligne... Nous reculons devant cette tâche... Qu'il nous suffise d'insister sur quelques points essentiels et de repousser certaines imputations irréfléchies, qui tendent à nous représenter comme les ennemis de l'agriculture, comme les causes de sa souffrance, etc., etc.

Nous l'avouons, nous étions loin de nous attendre à de pareilles accusations..... En effet, que sommes-nous autre chose que des agriculteurs? Comme d'autres, nous nous sommes procuré, il y a trente ans, des moutons d'Espagne, nous avons tâché d'en améliorer la race; pendant assez long-temps nous avons vu que ceux qui se donnaient moins de soins et de peine que nous vendaient tout autant, les marchands de laine et les fabricans n'ayant pas encore appris à faire assez la distinction des différentes qualités..... Tout-à-coup nous avons entendu dire que nos manufactures, après avoir abandonné les laines fines d'Espagne, les seules qu'elles estimassent autrefois, pour leur préférer les laines améliorées de France, ne se contentaient plus de ces dernières, et allaient chercher en Saxe des matières premières encore plus belles, qu'elles payaient à des prix très-élevés..... Nous avons voulu voir ce qu'étaient ces laines de Saxe, et, après comparaison, il nous a semblé que les nôtres pouvaient les valoir; nous nous sommes décidés à en faire faire l'expérience authentique, et nous avons porté à Sedan, non pas des balles de prime, qui n'auraient rien appris sur la proportion de qualités fournies par chaque bête, mais des *toisons entières et en suint*: malgré l'opinion déjà fortement enracinée en fabrique en faveur des laines de Saxe et contre celles de France, la Chambre consultative des arts et manufactures de Sedan s'est prêtée avec le plus louable empressement aux essais que nous sollicitions; nos toisons ont été triées, lavées, dégraissées et mises en œuvre, et des procès-verbaux officiels ont constaté que le drap qui en était provenu égalait ce que l'on faisait de plus beau avec les primes électorales de Saxe; le Jury de 1823 est venu confirmer ce résultat important, et il a été désormais prouvé que ni le sol ni le climat de la France ne s'opposaient à la production des plus beaux lainages. Le troupeau de Naz, dont l'existence était peu connue jusqu'alors, est bientôt devenu célèbre; les étrangers se sont empressés de venir puiser à cette source d'amélioration. Le roi de Wurtemberg a peuplé des bêtes de Naz sa bergerie particulière; des convois de nos béliers ont été dirigés sur l'Autriche, la Hongrie et jusqu'en Crimée; la Compagnie anglaise australienne en a porté dans ses immenses possessions de la Nouvelle-Hollande. Quelque grands que fussent les avantages que nous assuraient ces débouchés de nos animaux dans les pays étrangers, ce n'était pas sans quelque regret que nous voyions nos étalons sortir de France pour aller améliorer les troupeaux de nos rivaux, tandis que la France avait elle-même un si grand besoin de perfectionner les siens. Nous croyions avoir obtenu des succès réels dans l'éducation des bêtes à laine; nous voyions nos efforts récompensés par des résultats matériels; nos laines nous étaient payées à de hauts prix, ainsi que nos animaux: il nous semblait que d'autres pouvaient réussir comme nous... Nous n'avons épargné ni démarches, ni travaux, ni sacrifices pour communiquer aux propriétaires français les renseignemens que nous jugions pouvoir leur être de quelque utilité et pour mettre à leur portée la source d'amélioration que nous possédions. Outre les indications renfermées dans notre correspondance et dans différens mémoires restés manuscrits, nous avons publié, au commencement de 1824, la première partie du *Nouveau Traité sur la laine et les moutons* : une fausse modestie ne nous interdira pas de faire connaître que des félicitations et des remercîmens non équivoques nous sont parvenus de diverses parties de la France de la part de propriétaires de troupeaux, qui ont bien voulu nous assurer avoir tiré un profit réel de nos enseignemens, et qui nous pressent encore aujourd'hui de donner au public la deuxième partie, que nous avons promise, et dont diverses circonstances ont retardé jusqu'ici la publication. Le succès de ce même ouvrage à l'étranger a été une nouvelle preuve de la faveur avec laquelle il a été accueilli partout où l'on attache quelque importance aux progrès de l'industrie agricole ; il a été traduit en allemand par trois auteurs différens, en suédois, en russe, en espagnol.

Mettant à profit les connaissances que nous avions acquises dans l'étude de la laine, nous avons fondé un *lavoir* dans le voisinage de la Capitale ; nous nous y sommes particulièrement occupés de rechercher les moyens à proposer aux producteurs, pour les aider à tirer un meilleur parti de leurs produits ; enfin, après avoir consacré plusieurs années à nous imiter dans les circonstances du commerce des laines, nous avons mis à exécution le plan qui nous est démontré le meilleur, dans les intérêts bien entendus de la production et de l'amélioration : *Le Lavoir à façon de Croissy* sera imité, nous n'en doutons pas, et dans quelques années, on appréciera les fruits qu'aura portés cet établissement ... Désormais, le producteur ne marchera plus sans guide et sans but ; ne vendant pas sa laine *en suint*, il connaîtra la valeur réelle et relative non-seulement de son troupeau tout entier, mais de chaque classe de son troupeau, de chaque toison, de chaque partie de toison ; il saura choisir son étalon d'après des principes fixes et basés sur le caractère de lainage le plus recherché et le plus approprié à sa localité ; il pourra se rendre compte de ses progrès ; les détails qu'il recevra du *Lavoir à façon* seront tellement circonstanciés, qu'il pourra, sans s'être livré à l'étude de la laine, distinguer, numéro par numéro, les bêtes qui lui donnent du bénéfice de celles qui ne lui causent que de la perte ; il n'aura plus ainsi qu'à multiplier les premières et à se défaire des dernières ; l'amélioration marchera d'un pas rapide et sans tâtonnemens, et peut-être un jour serons-nous cités, avec quelque justice, au nombre de ceux qui auront le plus contribué, par leur exemple, par leurs travaux et par l'influence de leurs établissemens, à préserver d'une ruine imminente la branche la plus importante de notre industrie agricole et manufacturière.

De bonne heure et long-temps avant M. le comte de Polignac, nous avons signalé les dangers qui menacent l'agriculture française par l'effet du prodigieux essor que prend dans l'Europe orientale et dans le Nouveau-Monde l'éducation des troupeaux fins (1) ; des premiers nous avons fait voir quel avantage ces contrées éloignées avaient sur nous sous le rapport de l'économie de la production ; mais, tout en appelant sur les circonstances extérieures toute l'attention de nos producteurs, nous les avons suppliés de ne pas se décourager ; nous avons,

(1) *Nouveau Traité*, etc., page 12 de l'Introduction, page 201, etc.

de toutes nos forces, cherché à exciter leur zèle, persuadés que ce n'est que par l'amélioration que nous pouvons essayer de lutter, et que tout autre moyen, tout autre secours ne peuvent être qu'illusoires ou précaires.

En quoi, dans tout cela, nous le demandons, avons-nous pu nuire aux intérêts de l'agriculture ? Qu'avaient donc d'hostile nos vues, nos conseils, nos avertissemens ? Ils sont aujourd'hui les mêmes qu'en 1824, et nous ne pouvons que répéter ce que nous disions alors et avons dit depuis touchant l'importance de l'amélioration. Qu'on relise les trente dernières pages du *Nouveau Traité*, on verra si nous avons varié dans nos principes... : elles semblent avoir été écrites pour le moment présent. Certes, c'est être par trop injuste et c'est en même temps avoir une idée trop ridiculement exagérée de l'influence que nous avons pu exercer, que de nous imputer les circonstances commerciales qui ont affligé la production des laines. Les qualités que nous avons conseillé de produire sont précisément celles qui ont échappé à la dépréciation générale ou qui n'en ont été que légèrement atteintes ; tandis qu'elle a particulièrement frappé sur les qualités *intermédiaires*, dont nous avions signalé la surabondance relative. Le mal était déjà grand quand nous avons élevé la voix pour proposer des remèdes ; mais parce que, des premiers, nous avons crié au feu, devons-nous être accusés d'avoir allumé l'incendie ? Non, nous nous sommes trouvés préparés pour lutter contre les effets de la crise ; nos produits ont pu s'y soustraire ; il était de notre devoir de dire à tous : *Voyez et essayez de faire comme nous* ; et si nous avons réussi sans autre secours que le mérite de notre troupeau et sans avoir reçu, comme M. le comte de

Polignac et suivant son propre récit, la somme énorme de *quatre-vingt-quinze mille francs*, à titre d'encouragement, d'indemnité ou de récompense, tant de la munificence royale que des fonds de l'Etat, il nous semble que la conséquence à tirer du fait ne peut que nous être favorable.... Non pas qu'il nous soit venu, comme l'insinue M. le Comte, l'idée de blâmer l'emploi fait en sa faveur d'une aussi forte somme...., nous ne pouvons que rendre justice au zèle que le Roi avait en vue de récompenser en lui; mais ces largesses n'en ont pas moins constitué à son avantage une prime dont aucun autre propriétaire n'a pu jouir comme lui.

Que M. le comte de Polignac cesse donc de vouloir nous repousser de la classe des agriculteurs...: parce que nos moutons passent pour plus fins que d'autres, ils n'en mangent pas moins du foin et de l'herbe, que nous prenons peine à faire croître; et quoi qu'en dise notre honorable antagoniste, nous savons ce que vaut le fumier qu'ils nous laissent beaucoup mieux peut-être que lui, qui abandonne à ses nourrisseurs cet important produit.

Qu'il cesse également de mettre toujours en présence et en état d'hostilité les producteurs et les fabricans, les propriétaires et les spéculateurs, les industriels et les simples consommateurs : ne sont-ils pas tous de la même famille, et leurs intérêts bien entendus ne sont-ils pas les mêmes, en définitive?

L'agriculture, sans doute, peut être considérée comme la mère de toutes les autres industries; mais ne sont-ce pas le commerce et la spéculation qui la soutiennent et l'alimentent en lui créant des débouchés? Que deviendraient les matières premières qu'elle fournit, si personne ne se présentait pour les mettre en œuvre? C'est comme agriculteurs et dans l'intérêt de l'agriculture que nous avons demandé au Gouvernement protection pour nos fabriques : si nous étions assez heureux pour voir un jour nos manufactures prendre l'essor qu'ont pris celles de Belgique et d'Angleterre, notre agriculture ne manquerait pas de prospérer à côté d'elles; la production en recevrait une impulsion toute nouvelle; nous verrions le zèle de nos éleveurs se ranimer, et tranquilles sur nos débouchés, nous arriverions peut-être à produire nos laines tout-à-la-fois *avec plus d'économie, en plus grande abondance et de meilleure qualité*.

M. le comte de Polignac fait la guerre aux *spéculateurs*, comme on la faisait naguère aux *accapareurs* ; mais on sait maintenant que ces *ennemis* du pays en sont les bienfaiteurs : c'est précisément quand les capitaux des spéculateurs dorment que le pays souffre. Au surplus, nous verrons tout-à-l'heure que, même comme agriculteur, M. le comte de Polignac n'est qu'un *spéculateur* : ses troupeaux ne sont que des troupeaux de *spéculation*; car il les fait nourrir par d'autres, et ce sont ceux qui les nourrissent qui sont les vrais *agriculteurs*.

La question des meilleures mesures de douanes à adopter dans le moment actuel pour venir au secours de notre agriculture est délicate et jamais nous n'avons essayé de la trancher d'une manière absolue : non pas que nous pensions que la science de l'économie politique, au point où elle est aujourd'hui parvenue, puisse transiger sur certains principes désormais incontestables et dont nous admettons toute la rigueur; mais c'est l'application de ces principes que nous avons reconnu devoir exiger beaucoup de circonspection, et notre réserve, à ce sujet, aurait dû être mieux comprise. Si l'on prend la peine de relire les sept ou huit dernières pages de notre Lettre à M. le comte de Polignac, l'on verra que notre opinion formelle est que l'*agriculture française, en ce qui concerne la production des laines, est encore loin de pouvoir se passer de la protection des douanes : elle a fait fausse route*, avons-nous dit, *en s'attachant à la haute taille des animaux et au poids excessif de la toison ; elle a besoin de revenir à un meilleur système : elle doit donc être traitée*, POUR LONG-TEMPS ENCORE, *comme une industrie naissante, qui demande à se développer et à acquérir la plénitude de ses forces avant de s'exposer à la lutte avec ses rivaux*, etc.

M. le comte de Polignac proteste de son côté n'avoir jamais entendu demander *une interdiction oppressive, qui exclurait indéfiniment de notre sol les natures, qualités et quantités qui manqueraient réellement au service complet de nos fabriques.*

Si c'est réellement dans ce sens que M. le Comte demande la prohibition, nous sommes tout près d'être de son avis...! Nous n'avons guère plus demandé, guère plus désiré, et ce n'était pas la peine d'accumuler tant d'insinuations hasardées, dans l'unique but de nous représenter comme les ennemis des intérêts nationaux et les causes de la ruine de notre agriculture.

Mais, en vérité, pour être compris, M. le Comte avait besoin de faire cette déclaration formelle ; car il avouera que l'épithète de *légale*, par laquelle il qualifie la prohibition qu'il sollicite, s'appliquerait également et inévitablement à toute espèce de prohibition *absolue ou partielle, permanente ou temporaire*, puisque toute modification du tarif ne peut qu'émaner du Pouvoir législatif, sous la forme *légale*.

Au surplus, nous prenons acte de la déclaration de M. le Comte et nous sommes désormais assurés qu'il ne s'opposera plus à ce que nos manufactures, quelle que soit l'extension qu'elles pourront donner à leurs travaux, ne puissent librement tirer de l'étranger les *natures, qualités* et *quantités* de laines dont elles auront besoin et que la France ne pourra pas leur fournir : bien entendu que cette liberté ne sera pas rendue illusoire par la fixation des droits d'entrée à un taux trop élevé.

Avant que l'Administration puisse poser le chiffre de son tarif d'après une base raisonnée, il faut qu'elle soumette à une enquête une foule de questions subsidiaires, parmi lesquelles nous citerons les suivantes :

Quelle est la mesure des besoins de nos manufactures, tant pour satisfaire à la consommation intérieure, que pour pourvoir aux demandes qu'elles reçoivent de l'étranger ? Quelle est celle de notre production ? La France peut-elle produire plus de laine qu'elle ne le fait ? Cette production doit-elle être restreinte, ou encouragée ? A quoi peut s'évaluer l'avantage dont jouissent les laines étrangères, sous le rapport de l'économie de la production ? De combien leur prix d'achat *sur les lieux de production* se trouve-t-il chargé par les frais et risques d'expédition et de transport, les commissions de ventes et autres bénéfices du commerce, par l'intermédiaire duquel elles nous viennent, indépendamment de tous droits d'entrée ; ou, en d'autres termes, à quoi se réduit en *produit net entrant dans la poche du producteur saxon, hongrois, russe, ou tout autre, le prix nominal*, quelquefois si élevé, des diverses qualités de laines étrangères vendues sur nos marchés ? Quelles sont les qualités qui se présentent le plus communément à nos bureaux d'entrée ?

Les qualités correspondantes que produit la France sont-elles supérieures, égales, ou inférieures à celles de l'étranger? Une amélioration bien entendue, qui rendrait les produits nationaux décidément égaux *en qualité*, et même préférables à ceux du dehors, rendrait-elle aussi la concurrence de ces derniers moins redoutable? Cette amélioration est-elle possible en France? Si elle est possible, y a-t-il profit pour l'agriculture à la tenter, c'est-à-dire n'exigerait-elle pas de la part des agriculteurs des sacrifices pécuniaires hors de proportion avec les bénéfices présumés? N'y a-t-il pas certaines portions fort étendues du territoire français qui peuvent produire les qualités de lainages les plus belles, avec une suffisante économie? Pourrait-on, au moyen de l'amélioration, parvenir non-seulement à satisfaire les besoins de toute nature des fabriques nationales, mais encore à assurer à nos lainages une préférence méritée sur les marchés de Belgique et d'Angleterre, pays voisins, qui tirent à grands frais des contrées les plus lointaines les matières premières nécessaires à leur immense fabrication? Quels sont les motifs qui, depuis quelques années, ont absolument dégoûté les Anglais d'employer les laines de France, qu'ils avaient semblé, d'abord, rechercher avec empressement? etc., etc.

Toutes ces questions peuvent se résumer en une seule, savoir : *Doit-on mettre l'amélioration au premier rang des remèdes à appliquer aux maux de l'agriculture, ou bien faut-il placer tout son espoir dans l'élévation des droits d'entrée, ou dans une prohibition plus ou moins absolue?*

Or voilà précisément le point sur lequel nous avons de la peine à nous trouver d'accord avec M. le comte de

Polignac. Il ne parait pas qu'il attende rien de l'amélioration de nos lainages; il ne juge pas même qu'elle soit désirable, persuadé qu'il est qu'on doit se contenter du degré de perfection qu'on a généralement atteint en France; tout en accordant à la laine électorale de Saxe et à celle de Naz une grande supériorité de finesse, il nie qu'on doive se proposer d'en créer beaucoup de semblables; il croit qu'avec ces laines on ne peut faire que du *beau drap*, mais non du *bon drap*; il maintient qu'une semblable matière première ne peut seule être employée à la fabrication des étoffes que réclame la masse de la consommation: ainsi, loin d'exciter le zèle de nos producteurs, en leur montrant jusqu'à quel degré ils peuvent pousser la finesse et l'égalité de leurs toisons, il s'efforce de leur persuader qu'il n'y aurait rien à gagner à faire mieux qu'ils ne font; il semble les prémunir contre les *dangers du perfectionnement*, ou, du moins, cherche-t-il à donner à ce perfectionnement quelque autre direction, qu'il ne trace que vaguement et sans principes, ni but arrêté; il se livre longuement à certaine distinction, que nous avouons n'avoir pu comprendre, entre ce qu'il appelle *la finesse naturelle* et *la finesse artificielle*: ses animaux ont à ses yeux la *finesse naturelle*, que la masse des cultivateurs peut seule atteindre et dont elle doit se contenter; les nôtres ne sont que des moutons *artificiels*: comme si nos agneaux ne venaient pas au monde, ne tétaient pas leur mère, ne broutaient pas l'herbe, ne se laissaient pas tondre et n'arrivaient pas au terme de leur vie *aussi naturellement* que les siens; comme si un bélier plus fin de laine et plus égal dans sa toison qu'un autre n'était plus qu'un être *factice*: distinction, après tout, qui sera au moins oiseuse si, comme nous le soupçonnons, M. le comte de Polignac a voulu simplement dire qu'avec des soins méthodiques et des croisemens bien entendus et par conséquent *avec un certain art*, on parvient à affiner les laines d'un troupeau tout entier, à rendre *métisse* une laine *indigène*, *fine* une laine *métisse*, *superfine* une laine *fine* : en ce sens, nous ne nierons pas que notre laine ne soit *artificielle*, et cette qualification sera pour nous un éloge, que tous nos producteurs pourront mériter comme nous; car nous ne désespérons pas de démontrer que dans toutes les localités favorables à la production de la laine superfine, cette production doit être le but constant des efforts des éleveurs, sans qu'il puisse être jamais à craindre qu'on crée cette qualité de laine en surabondance; et certes, jusqu'ici ce n'est pas de cette qualité que M. le comte de Polignac peut dire que le *bas prix* auquel elle se produit à l'étranger ne laisse aucun espoir à l'agriculture française de pouvoir au même prix en fournir de semblable; car sa valeur est telle, aussi bien à *Londres* et à *Verviers* qu'à *Sedan*, que jamais les primes de la pile Polignac n'ont pu l'atteindre, à plus de vingt-cinq pour cent près; et cependant ne dirait-on pas, à entendre M. le Comte, que les primes électorales viennent se vendre sur nos marchés, à si vil prix, qu'il lui est impossible de soutenir la concurrence? Ce n'est pas la concurrence du *prix* qu'il ne peut soutenir, mais bien celle de *la qualité*, puisque nos fabricans préfèrent payer le double plus cher, pour avoir de la laine plus belle et meilleure que celle que peut leur offrir M. le Comte.

Faudra-t-il croire à l'ingénieuse fiction du spéculateur qui se décide à exalter le mérite des laines de Naz, sauf à les payer trop cher, pour pouvoir déprécier outre mesure la masse des laines françaises et les mieux assujettir aux fâcheux effets de la concurrence étrangère? Mais il nous semble qu'il y a une manière bien plus simple et bien plus naturelle d'expliquer l'élévation du prix des laines de Naz. Avant qu'elles fussent connues en fabrique, les laines électorales Saxe se payaient, comme aujourd'hui, à vingt-huit, trente et jusqu'à trente-trois francs le kilo, lavées à dos, avec les conditions d'usage pour escompte et termes de paiement; expériences et comparaisons faites, celles de Naz ont été jugées aussi belles, dès-lors elles ont joui du même prix; les fabricans n'avaient point de raison pour refuser à des laines nationales le prix qu'ils accordaient aux mêmes qualités venues de l'étranger. C'est le prix des électorales qui a déterminé celui des primes de *Naz*: si les unes et les autres devenaient plus abondantes ou plus rares encore, ensemble elles baisseraient ou augmenteraient de valeur. Il n'y a rien là que de très-naturel, et les frais d'imagination de M. le Comte sont encore une fois en pure perte.

Cette importante question des tarifs sera peut-être encore long-temps livrée à de vives controverses; beaucoup de bons esprits pourront n'adopter que bien tard les principes qui paraissent avair prévalu en Angleterre et que M. le Ministre du commerce vient lui-même de professer éloquemment à la tribune, avec tous les ménagemens cependant qu'exigent les opinions et même les intérêts qui pourraient se croire blessés par l'application de pareilles doctrines. Laissons au temps à dissiper les nuages qui obscurcissent encore cette question : le vrai *saura bien faire sa route à travers l'opinion publique*... Nos idées sur ce sujet nous semblent assez arrêtées, et nous n'avons pas craint de les faire connaître (nous avons cru, en cela, faire preuve de quelque désintéressement, puisque, de toutes les qualités de laine que produit la France, celle que donnent nos animaux aurait le plus à gagner pour le moment à une élévation de droits, ou à une prohibition qui frapperait spécialement les laines surfines de l'étranger); mais notre intention n'est nullement d'insister aujourd'hui pour les faire adopter à ceux qui ne les partagent pas: c'est dans les discussions des économistes, c'est dans les conseils du Monarque que nous laisserons la question se débattre, et, préparés à tout événement, nous attendrons patiemment qu'elle y soit résolue...; nous allons même, si l'on veut, supposer qu'elle le soit et qu'elle doive l'être dans un sens absolument opposé à notre opinion, nous ferons sur ce point toutes les concessions qu'on voudra; nous accorderons, s'il le faut, que nos manufactures doivent renoncer à toute concurrence sur les marchés étrangers, et se borner à alimenter la consommation intérieure, malgré, cependant, que nos exportations d'étoffes de laines se soient encore élevées à une valeur de près de trente millions de francs l'année dernière, et qu'il ne soit guère probable que nos manufactures calculent assez mal pour persister ainsi dans des opérations qui ne solderaient qu'en pure perte, et malgré qu'en outre on ait, sous une Administration plus éclairée, beaucoup à attendre des efforts du Gouvernement pour favoriser notre commerce extérieur et lui ouvrir des débouchés dans toutes les parties du monde...; nous accorderons que les laines étrangères doivent être repoussées de notre territoire; qu'à tout jamais les consommateurs français devront consentir, dans l'intérêt non-seulement de l'agriculture, mais dans celui de l'Etat, à payer plus cher que partout ailleurs leur vêtement, comme leur pain... ; nous concéderons à M. le comte de Polignac son système de licences et de marchés régulateurs, dont le Ministre a si bien montré l'application impraticable... ; nous lui passerons même, pour peu qu'il le désire, ses *jurandes*, ses *maîtrises*, ses manufactures privilégiées de la Couronne, etc., etc... Mais après avoir abandonné volontairement et en apparence tous ces points, nous nous retrancherons dans une position inexpugnable, d'où l'on s'efforcera en vain de nous déloger... : IL FAUT AMÉLIORER..., ce sera toujours notre dernier mot...... :

Nous poserons d'abord en premier principe que *le perfectionnement d'un troupeau n'a, pour ainsi dire, point de limites.*

En effet, quand un propriétaire est parvenu à avoir dans sa bergerie quelques bêtes qui portent de la laine plus fine que les autres, il n'y a point de raison pour que le nombre de ces bêtes d'élite n'augmente pas ; si elles composent seulement le huitième, le quart du troupeau, elles pourront successivement, au moyen de réformes bien entendues et de l'emploi de beaux étalons, en former *la moitié*, *les trois quarts* ; le troupeau tout entier pourra ainsi devenir troupeau d'élite.

Chaque bête de ce troupeau donne une toison qui présente plusieurs qualités au triage... : il ne suffira pas qu'on recueille *un quart*, *une moitié* ou *trois quarts* même du poids de cette toison en première qualité, il faudra qu'elle en fournisse les *quatre cinquièmes*, les *sept huitièmes* ; l'éleveur enfin pourrait ne borner ses efforts que lorsque la *toison entière* de *chaque bête* donnera la qualité de lainage la plus belle et la plus chère.... Ce *nec plus ultrà* du perfectionnement pourrait-il être atteint? Quelque chimérique qu'il paraisse, l'expérience nous démontre tous les jours qu'on peut en approcher de plus en plus, et aucun obstacle insurmontable ne semble s'opposer à ce qu'on l'atteigne....; toutefois, nous pouvons affirmer que long-temps avant d'avoir touché le but, on sera magnifiquement récompensé des efforts qu'on aura faits pour y parvenir, et qu'il est un certain point très-facile à atteindre et où l'on pourrait déjà, dans l'état actuel des choses, commencer à être plus que satisfait de ses succès.

Un deuxième principe que nous établirons, c'est que, *toutes circonstances égales d'ailleurs, la production de la laine la plus belle et la plus chère ne coûte pas plus que celle de la laine de la plus médiocre finesse....*; nous l'avons déjà dit : *le foin et l'herbe que mange le mouton superfin ne valent pas plus que le foin et l'herbe que mange le mouton commun...* et le *quintal d'animal*, si l'on peut s'exprimer ainsi, donne, *au moins*, la même quantité de *laine*, de *chair* et de *fumier*, quelque petite que soit la taille individuelle de chaque bête, tout comme il n'exige, pour son entretien, que la même quantité d'alimens; ce qui permet de conformer la taille des animaux aux conditions qu'exige la nature pour la production du plus beau lainage sans perte d'aucun produit et sans augmentation de dépenses...: et qu'on ne nous parle pas *de frais de premier établissement plus considérables; d'achats d'étalons à de hauts prix; de mises dehors de capitaux dont manquent la plupart des cultivateurs; de soins plus assidus et plus éclairés à exiger d'eux*.... Comme si le perfectionnement des mérinos devait coûter aussi cher que coûtèrent leur introduction et leur multiplication; comme si les étalons superfins les plus distingués se vendaient seulement au tiers des prix qu'atteignaient naguère les béliers de Rambouillet, qui semblaient se payer de plus en plus cher, à mesure que leur influence devenait plus fâcheuse; comme si, dans toute espèce d'industrie, il ne fallait pas semer pour recueillir; comme si l'on hésitait à construire des bâtimens, à acquérir des machines ou des instrumens aratoires, ou des attelages; à payer des bras ou des moteurs plus puissans, quand on sait le parti qu'on devra en tirer. Que ceux qui emploient leur argent à mal faire l'emploient à faire mieux, et ils n'auront pas de regret;... que ceux qui ont le pouvoir de faire fassent, et leur nombre sera assez grand; si l'étalon qui doit régénérer un troupeau est bien choisi, il n'est jamais trop cher...: il a fallu, sans doute, à celui qui le vend beaucoup de soins et de peines pour amener sa race à ce degré de perfection....; mais celui qui l'achète va tout d'un coup recueillir le fruit de tant de travail et de persévérance.

Quant aux soins plus éclairés et plus assidus à exiger du producteur..., qu'y a-t-il donc de si difficile, de si au-dessus de l'intelligence la plus commune dans la science du berger? Faites seulement qu'au lieu de mauvais principes, il en reçoive de bons...; il est plus difficile d'apprendre à lire et à écrire qu'à gouverner un troupeau comme nous l'entendons: et cependant qui oserait dire qu'il faut fermer les écoles, sous prétexte que la lecture et l'écriture sont des sciences au-dessus de la portée de certaines classes de la société? Chacun ne devra-t-il plus raisonner son métier? Ne voyons-nous pas tous les jours les pratiques les plus anciennes, comme les plus routinières, faire place à d'autres, reconnues meilleures ? Les progrès immenses de l'agriculture elle-même n'attestent-ils pas le triomphe forcé du perfectionnement des méthodes ? Nous ne pouvons que l'affirmer de nouveau.... : la plupart de nos éleveurs trouveraient, sous tous les rapports, un grand avantage et une grande économie à mieux faire.

Il y a eu et il y aura toujours dans le commerce des toisons de différentes qualités et des sortes différentes dans ces toisons, lesquelles sortes seront cotées à des prix différens :

L'échelle de ces diverses qualités et de leurs prix s'établit, dans le moment actuel, de la manière suivante :

Laines indigènes et basses sortes de mérinos, le k°., lavées à chaud. . . . . depuis 3 jusqu'à 5 fr.

4°. et 3°. qualités, gros jaune et pailleux. depuis 5 jusqu'à 7

2°. qualité, pailleux fin et jaune fin. . . . . depuis 7 jusqu'à 10

Primes. . . . . . . depuis 10 jusqu'à 12

1res. primes. . . . . depuis 12 jusqu'à 18

Primes superfines. . depuis 18 jusqu'à 30 et plus.

Une seule et même toison peut à-la-fois offrir toutes ces diverses qualités, qu'on voit cotées à des prix si différens; leur prix de *revient* (c'est-à-dire ce que chacune aura coûté à produire) sera bien évidemment le même, puisque la même bête les aura fournies à-la-fois : on pourra en dire autant de toutes les qualités qu'aura produites le troupeau tout entier, dont les individus auront été tous soumis au même régime : il sera donc incontestable, comme nous l'avons avancé, que, toutes circonstances égales d'ailleurs, *la production de la laine la plus belle et la plus chère ne coûte pas plus que celle de la laine de la plus médiocre finesse.*

Or, les baisses subites ou graduelles, qu'elles soient le produit de crises affectant le commerce en général, et plus ou moins durables, ou bien d'engorgemens momentanés, soit de matières premières, soit d'étoffes fabriquées en surabondance relativement aux besoins du moment; qu'elles portent particulièrement sur telle qualité de laine plutôt que sur telle autre; de quelque manière, enfin, qu'on puisse les supposer ou les imaginer, ne détruiront jamais les faits suivans, que nous reproduirons sous diverses formes, pour mieux en faire sentir les conséquences; c'est à savoir; que la qualité de laine la meilleure et la plus belle aura toujours, à prix égal, sur le marché la préférence sur les qualités inférieures; que tant qu'il se vendra de la laine, la meilleure et la plus belle, en se présentant en suffisante quantité et en baissant son prix, fera baisser les qualités au-dessous d'elle; que, si une qualité supérieure paraît moins recherchée dans de certains momens, ce n'est jamais parce qu'on n'en aurait pas l'emploi, mais bien parce que son prix s'est trop élevé; que si l'on consent à baisser suffisamment ce prix, la qualité trouvera à l'instant même tous les acheteurs, qui, calculant le prix auquel ils pourraient revendre l'étoffe qu'ils se proposaient de fabriquer, étaient forcés de se contenter d'une qualité de laine dont la valeur leur laissait la marge de bénéfice qu'ils s'étaient réservée, et qui s'empresseront d'acquérir, pour ce même prix, une qualité supérieure; que les qualités les plus belles, en devenant plus abondantes et moins chères, s'empareront toujours et necessairement de l'emploi des moins belles, et qu'enfin rien ne les empêchera jamais d'être *maîtresses du marché*, puisque n'ayant, comme nous l'avons vu plus haut, *pas coûté à produire plus que d'autres, elles peuvent toujours se donner au même prix.*

Arrêtons-nous encore sur ce fait, qui domine la question : *le prix de revient des diverses qualités de laine qu'a données une toison, qu'a données un troupeau, qu'a données une contrée entière, a été rigoureusement le même, toutes conditions égales d'ailleurs; tandis que le prix de vente pourra présenter, comme on l'a vu plus haut, pour le moment actuel, des différences dans la latitude de trois francs à trente francs et plus...!! sauf les variations du cours, qui peuvent changer le chiffre, mais ne sauraient altérer l'exactitude du raisonnement.*

La laine est peut-être le seul produit qui donne lieu à une semblable observation... Après avoir réfléchi aux conséquences de ce fait, important et irrécusable, qui est-ce qui pourrait douter des avantages de l'amélioration..? On parle de concurrence impossible à soutenir vis-à-vis des étrangers, qui produisent à trop bon marché.... : sans doute que cette concurrence est dangereuse.... ; mais il en est une bien plus alarmante encore, à notre avis, pour ceux qui ne songent point à améliorer, *c'est celle des améliorateurs :* ceux-ci, profitant de l'avantage qu'ils ont de faire *beaucoup mieux sans plus de frais*, écraseront inévitablement l'industrie des producteurs apathiques et ignorans qui seront restés en arrière dans la marche du perfectionnement...! et il ne se passera rien là de nouveau : qu'on regarde autour de soi et on verra combien d'industries autrefois florissantes ont été ruinées par les progrès de la science et l'amélioration des procédés, par cela seul qu'au milieu du mouvement général elles étaient demeurées stationnaires!

Les laines superfines *n'ont point*, comme on le prétend, *un emploi borné*. Nous nous sommes déjà élevés contre cette erreur, que nous ne voyons que trop répandue et que nous retrouvons à regret dans l'intéressant écrit d'un honorable manufacturier, sur qui les opinions de M. le comte de Polignac paraissent avoir fait grande impression, mais qui les eût jugées peut-être avec moins de faveur s'il eût pu le faire en qualité d'agriculteur (1). Non, ces sortes de laine les plus belles ne sont point destinées à tout jamais à ne satisfaire que les besoins de l'opulence ; « *elles ne sont point réservées seulement à la fabrication de ces draps d'exposition, de ces draps de grand luxe, qui ne sont point ceux de la grande consommation et ne seront jamais que des draps d'exception, qui pourront faire la fortune de quelques fabricants, mais non former une grande branche de travail pour un peuple manufacturier.* » Sans doute qu'aujourd'hui leur rareté les rend chères et les maintiendra pendant bien long-temps

(1) [Voir le *huitième Bulletin de la Société d'amélioration des Laines*.] Nous remarquerons en passant que M. d'Autremont, qui s'occupe dans son Mémoire des articles très-succincts insérés dans le *Constitutionnel*, au sujet de la *Requête* de M. le comte de Polignac au Ministre de l'intérieur, ne dit rien de la *Lettre* que nous avions cru devoir publier sur ce même sujet, et qui nous a valu en réponse le nouvel écrit de M. de Polignac ; cette *Lettre* avait cependant donné aux argumens que l'on peut opposer aux partisans de la prohibition plus de développement que n'en avait pu comporter le cadre étroit des feuilles d'un journal, et par cela même elle devait paraître plus digne d'une réfutation.

encore à un prix assez élevé pour que le drap qu'on en fait, reste hors de la portée des médiocres fortunes ; mais, nous le répétons, ce n'est que *dans la rareté et dans le prix* qu'est l'obstacle, mais *non dans la qualité*. Le tailleur demande au fabricant du drap *le plus beau possible ;* mais il ne veut le payer, par exemple, que *trente francs* l'aune : le fabricant fait son compte et trouve qu'il ne peut payer le kilogramme de matière première que *dix francs*, nous supposons.....; s'il n'a que cette commande à satisfaire, en vain lui présenterez-vous une laine plus belle que celle qu'il a choisie... ; si vous en voulez plus d'argent, il sera forcé de vous refuser : mais essayez de lui donner de la laine de douze, quinze, dix-huit, vingt-cinq et trente francs, pour ce prix de dix francs auquel il est limité, vous verrez avec quel empressement il l'acceptera et avec quel dédain il repoussera celle dont il se contentait auparavant. La même chose arrivera pour tous les degrés de l'échelle ; nous ne connaissons que la laine de matelas qui ne puisse être remplacée dans son emploi ; mais, pour celle-là, que ceux qui trouveront du profit à en créer, en créent, quant à nous, nous aimons mieux la laisser faire aux Levantins.

La laine qui sert au vêtement de l'homme ne sera jamais *trop fine, trop douce, trop moelleuse, trop pourvue des qualités désirables d'élasticité.....* S'il n'y avait au monde qu'une seule espèce de moutons, et que cette espèce donnât partout une toison aussi fine que celle de Saxe ou de Naz, pense-t-on que l'homme refusât de s'en faire des vêtemens, par la raison qu'ils seraient *trop fins, trop beaux pour lui?* Si tout-à-coup les laines grossières devenaient très-rares, et les laines superfines très-abondantes, croit-on que la classe inférieure de la société regretterait de ne pouvoir plus s'habiller avec la laine grossière et d'être forcée de se servir de laine superfine ? Croit-on que l'habitant du Thibet hésite à se défendre des rigueurs du froid avec des toisons de Cachemire quand il ne trouve pas plus d'avantage à en trafiquer ? L'air que nous respirons peut aussi se diviser en plusieurs qualités : si elles se vendaient, et si la meilleure était la plus rare, sans doute qu'elle se paierait à un prix que les plus riches seuls pourraient atteindre... Cela voudrait-il dire, pour cela, que l'air le plus pur serait *trop bon* pour le pauvre, forcé de se contenter d'un air de mauvaise qualité, le seul dont il pourrait atteindre le prix ?.... Il en est de même pour la laine dont on fait des habits ; il en est de même d'une foule de choses qui ne servent aux jouissances exclusives du riche que parce que seul il peut les payer. Faites qu'elles deviennent plus abondantes, et l'emploi ne leur manquera pas. Il serait curieux de vérifier à quoi se réduit aujourd'hui la quantité d'étoffes de laine en consommation, dans la confection desquelles n'entrent encore pour rien les laines *mérinos* ou au moins *métisses*, dont on croyait autrefois que l'emploi se bornerait à satisfaire les besoins des hautes classes de la société ; on verrait qu'actuellement il ne faut pas être bien riche en France pour porter du *drap fin*.

Tout le monde sait que le plus beau drap est en même temps le meilleur et le plus durable : nous avons eu l'honneur d'écrire à M. le comte de Polignac qu'*une aune de drap de Naz qui aurait le même poids qu'une aune de drap fait avec de la laine moins fine l'emporterait incontestablement sous le rapport de la durée*..... Cette question nous paraissait claire, catégorique et facile à vérifier ; M. le Comte prétend qu'elle a été mal posée, et, après l'avoir retournée, il la repose à peu près de même..... Nous ne le chicanerons pas là-dessus..., nous adoptons sa manière de l'établir, et nous n'hésitons pas à affirmer que *si l'on fait entrer dans une aune de drap un kilogramme de prime de Naz sans aucun mélange, cette aune de drap sera non-seulement plus belle, plus douce, plus soyeuse, mais en même temps plus durable, plus solide que l'aune de même dimension qu'on aura fabriquée avec la même quantité d'un kilogramme de laine de qualité secondaire*. Ce qui a fait, sur la manière de poser la question, l'erreur de M. le comte de Polignac, c'est qu'il avait probablement perdu de vue que quand on veut faire, avec de la prime électorale, du drap *mince et léger, quoique très-clos,* on n'y fait entrer que beaucoup moins d'un kilogramme de cette laine, si éminemment pourvue des qualités nécessaires à la parfaite fabrication, et qu'ainsi il n'est pas exact de dire « *qu'il existe une quantité commune, un » poids de laine déterminé en fabrication pour la con- » fection d'une aune de bon drap, et qu'un kilogramme » de laine est le poids reçu pour cette confection.* » Il en faut d'autant moins que la laine est plus fine et pourvue au plus haut degré des qualités essentielles, et qu'on veut faire un drap plus mince et plus léger; c'est ce qui explique pourquoi les fabricans se louent de telle laine plus que de telle autre, parce que l'une a donné un *meilleur aunage* que l'autre.

Nous avons dit en plus d'un lieu que la *superfinesse se rencontrait rarement sur les bêtes de grosseur excessive, et que les avantages de la haute taille étaient plus illusoires que réels;* l'expérience ayant établi ce fait à nos yeux d'une manière incontestable, nous avons cru devoir le publier comme avis utile aux éleveurs..... C'est encore un point sur lequel chacun est bien maître de penser et pratiquer ce qu'il voudra, et c'est au temps qu'il faut encore laisser le soin de faire prévaloir ce qui sera le meilleur en pratique, suivant les circonstances locales (1).

Aussi bien faudrait-il commencer par s'entendre sur ce que c'est que la *superfinesse*, et malgré que nous soyons intimement convaincus de la bonne foi de M. le comte de Polignac quand il cite, pour exemple à opposer à notre opinion, la finesse relative qu'il obtient sur ses plus grosses bêtes, nous nous croyons permis de soupçonner qu'il ne se fait pas encore une idée bien juste de ce qu'on entend par la *haute finesse*.

Mais M. le comte nous fait dire que *force et finesse ne peuvent se concilier*, et cette assertion, ainsi que plusieurs autres tout aussi erronées, est rapportée dans

---

(1) On ne peut nier que les éleveurs qui écoulent leur croît mâle sur les marchés de Sceaux et de Poissy ne soient, à cet égard, dans une position différente de celle des éleveurs placés à une plus grande distance de la Capitale ; le mode actuel de perception des droits d'octroi sur les moutons de boucherie, contre lequel nous nous sommes déjà élevés en plus d'une occasion, nous a toujours paru un grand obstacle à l'amélioration, en ce que les gros moutons ne payant pas plus à l'octroi que les petits, les bouchers trouvent un grand bénéfice à acheter le plus grand poids possible de viande sous le plus petit nombre possible d'individus ; le mouton de moyenne taille, dont la toison serait précisément la plus facile à améliorer, se trouve donc, par cela même que le droit d'octroi pèse sur lui plus que sur un plus gros, déprécié outre mesure aux yeux du boucher ; et les éleveurs sont ainsi constamment excités à sacrifier à la haute taille la finesse de leurs troupeaux..... Espérons qu'un jour l'Administration prendra en sérieuse considération les Mémoires qui lui ont été adressés sur cette importante question, et qu'elle trouvera le moyen de faire cesser un état de choses si nuisible aux véritables intérêts de l'amélioration.

son Mémoire, *entre deux guillemets*, comme si c'était un passage de nos écrits *textuellement cité* : en vérité, c'est pousser bien loin la licence du citateur...., et il n'est pas bien de tronquer ainsi la pensée de son adversaire pour se donner des armes contre lui..... Nous avons parlé de la *grosseur*, de la *haute taille* des animaux, de la *surabondance de nourriture*, comme de circonstances en général contraires à la superfinesse; mais la *force* et la santé ont toujours été regardées par nous comme indispensables à la bonne qualité de la laine; nous avons toujours recommandé de bien nourrir le mouton, mais de ne pousser à la graisse que les individus destinés à la boucherie; nous avons réprouvé de toutes nos forces la finesse qu'on n'obtiendrait que par un système débilitant, cette finesse que montrent les bêtes vieilles ou malades; et des deux excès, dont l'un consistait à nourrir trop et l'autre à ne pas nourrir assez, nous avons formellement signalé le dernier comme le plus fâcheux. M. le comte Polignac commettrait donc envers nous une injustice manifeste s'il nous accusait de faire *jeûner* nos troupeaux, ce qui, au surplus, ne s'accorderait guère avec son autre assertion que *nos animaux consomment neuf cent douze livres de foin par tête et par an* (1).

---

(1) Au surplus, il ne serait pas inutile de s'entendre sur la grosseur que nous croyons très-compatible avec la superfinesse et que nous qualifions de *moyenne taille*.... : pour nous être élevés contre les abus de la surabondance de nourriture et l'excès de la taille, nous avons passé, aux yeux de quelques personnes, pour ne nourrir que des animaux de la plus petite espèce.... ; cette injuste prévention a bientôt cédé à un examen plus attentif, et les personnes qui ont vu nos bêtes ont pu s'assurer qu'elles ne sont point aussi petites qu'on a bien voulu le dire.

*

Ce serait encore à tort qu'il nous accuserait d'attacher peu d'importance au produit du troupeau en viande et en fumier : nous avons pu dire et nous avons dit, en effet, que les bénéfices à poursuivre par le perfectionnement de la toison étaient plus grands que ceux que promettait le perfectionnement de l'animal comme bête de boucherie, attendu qu'on ne tuait un mouton qu'une fois ; tandis qu'on pouvait le tondre huit, dix fois et plus, et que sa toison pouvait, par l'effet de l'amélioration, prendre une telle valeur qu'il y eût avantage évident à le laisser, pour ainsi dire, mourrir de vieillesse si on avait de quoi le nourrir ; mais cela ne voulait pas dire que nous ne tinssions aucun compte du produit important de la vente du croît mâle de la généralité des troupeaux, tels qu'ils existent aujourd'hui.

Quant au fumier, si nous ne l'avons évalué qu'au prix de trois francs par tête dans le compte que nous avons posé, c'était pour ôter à notre calcul toute apparence d'exagération ; mais pour nous, qui ne l'abandonnons pas à des nourrisseurs, comme le fait M. le Comte, nous l'estimons tout autant qu'aucun de nos confrères les agriculteurs pratiques puissent le faire.

M. le comte de Polignac veut pénétrer nos secrets ; mais quels secrets avons-nous que nous ne nous soyons efforcés de divulguer depuis long-temps ? A qui avons-nous caché nos méthodes, fermé nos bergeries, notre lavoir et même nos registres ? Il veut que nous publiions nos comptes de dépenses et de produits, nous ne nous y refuserons pas ; mais ne se réserve-t-il pas d'avance de rejeter comme peu concluant le résultat de ces comptes, s'il nous est favorable, sous prétexte que nous possédons une localité toute particulière et toute privilégiée? Il n'a pas craint de nous faire connaître les pertes qu'il éprouve, et nous n'avons pas de peine à croire ce qu'il veut bien raconter à ce sujet; mais voudra-t-il convenir qu'il a pu dépendre de lui qu'il en fût autrement, et suffira-t-il de lui montrer que, par l'emploi d'une autre méthode, nous avons recueilli des bénéfices? Et puis, réellement, les comptes applicables à une localité peuvent-ils l'être également à toutes? Que lui servira de savoir que dans telle de nos fermes la toison nous coûte tant à produire, et dans telle autre tant; qu'ici telle ration peut suffire, mais que là elle ne suffirait plus, ou que dans tel autre endroit cette même ration excéderait les besoins de l'animal? Tout ne dépend-il pas de la nature plus ou moins substantielle des fourrages et des parcours, de leur prix moyen et de mille autres circonstances locales? Ne sont-ce pas ces circonstances locales que chacun doit étudier avec le plus grand soin pour y conformer sa pratique? Il est certainement des localités plus favorables que d'autres pour l'éducation des troupeaux fins; il faut les prendre comme la Providence nous les donne: seulement, là où l'on a plus d'obstacles à vaincre, il faut proportionnellement plus de soins et d'efforts pour réussir.

Ceux qui luttent contre certains désavantages devraient s'attacher à les compenser par l'influence des plus beaux étalons, par de sévères réformes dans le troupeau et les autres moyens d'amélioration; et nous ne connaissons toujours qu'un seul moyen de les balancer jusqu'à un certain point, c'est de viser à ne créer que les produits les plus distingués et qui obtiennent dans le commerce les prix les plus élevés; enfin, dans quelque position qu'on se trouve, *le mieux sera toujours de travailler sans relâche à perfectionner.*

Nous sommes convaincus que, dans l'état actuel des choses, on peut, sur presque tous les points du territoire français, faire de la laine avec un profit réel et très-satisfaisant... Mais quand même nous serions dans l'erreur, quand même il serait mathématiquement prouvé qu'il y aurait perte pour l'agriculture à entretenir des troupeaux, croit-on qu'il lui serait possible de les supprimer? Non, nous le répéterons sans cesse, *il faut à la terre des engrais, comme à la population du pain et des vêtemens; quand il n'y aura plus de bénéfice à espérer, il ne s'agira pas de gagner le plus, mais de perdre le moins.* M. le comte de Polignac dit quelque part qu'il faudra *dételer*. Il ignore donc que l'agriculture ne *dételle* jamais! L'arrêt du ciel serait vain, si l'homme pouvait cesser d'arroser le sillon de ses sueurs! Il y a des nécessités contre lesquelles on ne peut se débattre, et celle-ci en est une. Quoi qu'il puisse arriver, jusqu'à ce qu'une révolution du globe vienne faire disparaître les habitans du coin de terre que nous appelons la France, on y fera de la laine, et tout l'avantage sera pour ceux qui la feront *la plus belle, la meilleure et au meilleur marché.*

M. le comte de Polignac pose des chiffres pour expliquer ses dépenses et ses produits; malgré les secours pécuniaires qu'il a reçus, les produits ne balancent point les dépenses. Les malheurs des temps, les crises industrielles et commerciales sont pour beaucoup, sans doute, dans les causes de son insuccès; mais il semble aussi que si ses laines étaient encore plus fines, et surtout si ses nombreux troupeaux donnaient une plus forte proportion de toisons d'élite, et si ces toisons elles-mêmes étaient plus égales en première qualité dans leurs dif-

férentes parties, le produit ne pourrait manquer d'être meilleur. En effet, si la perte qu'on fait sur les basses qualités vient atténuer le bénéfice que donneraient les premières, il n'y a plus qu'à déplorer le résultat. Nous n'avons jamais bien compris comment nombre de producteurs, et même de marchands de laine, pouvaient se contenter de faire leur compte *en moyenne*. « Mon trou-
» peau a produit tant de livres de laine *en suint*, ce qui
» a fait *en moyenne* tant par bête; j'ai vendu la livre à
» tant, cela m'a fait tant par chaque toison et tant pour
» le troupeau entier. Maintenant, peu m'importe ce
» qu'aura rendu ma laine *au lavage* et *au triage*, c'est
» l'affaire du marchand; c'est à lui à faire le choix des
» belles toisons et des médiocres; s'il perd, s'il gagne,
» je m'inquiète peu de savoir combien il aura perdu,
» combien il aura gagné, quelles auront été les toisons
» qui auront produit du bénéfice, quelles auront causé
» de la perte...! » Voilà le langage d'un trop grand nombre d'éleveurs.

« J'ai acheté des laines au cours *moyen* de...... Je
» n'ai rien voulu payer au-dessus; le lavage de tous
» mes lots confondus m'a rendu tant pour cent *en*
» *moyenne*; j'ai vendu toutes qualités au prix *moyen*
» de..., l'opération a soldé en perte ou en bénéfice;
» mais peu m'importe que ce soit tel ou tel lot qui ait
» gâté ou bonifié le résultat; tout ce que je sais, c'est
» que les bons ont payé pour les mauvais. » Voilà encore le langage de beaucoup de marchands. Cette manie de ne se rendre aucun compte détaillé et explicatif des causes qui ont influé sur les bons ou mauvais résultats a eu, jusqu'à présent, les plus fâcheuses conséquences pour l'industrie des laines; mais déjà on com-

mence à s'éclairer de part et d'autre, et si un nombre suffisant de *lavoirs à façon* pouvait s'établir, le producteur au moins apprendrait bientôt à s'expliquer les raisons qui ont causé sa perte ou son gain.

M. le comte de Polignac nous semble, comme éleveur et comme laveur (car il fait lui-même laver ses laines dans ses propres établissemens), avoir établi ses comptes *en moyenne*; car, s'il en eût été autrement, depuis long-temps il se serait aperçu de l'avantage qu'il y a *à produire en aussi grande proportion que possible les qualités dont le prix est le plus élevé.* Il se fût peut-être procuré des étalons plus beaux que les siens; il eût fait dans ses troupeaux une réforme générale de toutes les bêtes dont le compte *individuel* aurait soldé en perte, et il n'aurait conservé que les bêtes en état de payer largement leur pension, en laissant du bénéfice; et au lieu de ne faire que trois mille cinq cents kilogrammes de prime sur un total de douze mille (ce qui, quoique déjà très-remarquable comparativement à ce que donnent un trop grand nombre de troupeaux, dénote cependant trop peu de progrès dans le perfectionnement), il serait, sans doute, parvenu à porter cette *proportion de prime* à la *moitié*, aux *trois quarts*, et même aux *quatre cinquièmes* du *poids total*, tout en en améliorant la qualité. Quelle différence alors dans le produit, même au milieu des fâcheuses circonstances commerciales qui ont fait baisser au-dessous de *quinze francs* les primes qu'on vendait, il y a quelques années, jusqu'à *vingt-cinq!!*

Toutefois, d'après les calculs qu'il établit, nous ne pouvons nous empêcher de lui faire connaître que son entreprise nous paraît très-hardie, et même jusqu'à certain point téméraire. En effet, on doit faire une importante distinction entre ce que l'on peut appeler *la tenue des troupeaux par spéculation* et la *tenue des troupeaux comme machines nécessaires à l'agriculture.* Il est sans doute à désirer que ces derniers, indépendamment du fumier qu'ils donnent, présentent à l'éleveur le produit net en argent le plus haut possible; mais, quelque nul que soit ce produit, nous avons vu plus haut qu'il ne pouvait être question de se passer de moutons *comme machines à fumier*; il n'en est pas de même des troupeaux tenus par spéculation : pour ceux-là, on ne doit les créer qu'avec l'assurance d'une balance favorable entre les dépenses et les produits, et dès que cette balance devient décidément défavorable, on peut et on doit les mettre à bas.

C'est comme *troupeaux de spéculation* que M. le comte de Polignac tient les siens, puisqu'ils vivent en pension chez des tiers, auxquels il abandonne le fumier. Cette spéculation peut être bonne, et nous l'avons nous-mêmes tentée avec succès; mais pour qu'elle soit aussi profitable qu'elle peut l'être, deux conditions sont de rigueur ; *économie relative très-notable dans les frais de production* et *qualité très-distinguée des produits:* or, nous ne pensons pas que ces deux conditions aient été remplies par M. le comte de Polignac, et, nous l'avouons franchement, nous n'aurions jamais cru, avant l'exemple qu'il a donné, qu'on pût avoir l'idée d'une spéculation semblable, sur une aussi grande échelle, avec des frais d'inspection, d'administration et de bureaux, sans doute considérables aussi près de Paris, dans des localités où, d'une Saint-Michel à l'autre, comme le dit M. le comte, on dût payer, *en abandonnant les fumiers*, environ dix francs pour la pension d'un mouton châtré, et dix-sept francs pour celle d'une brebis portière, et cela sans se croire obligé d'entretenir les races les plus distinguées, et en se contentant de ne faire guère que le quart du poids total de ses dépouilles *en prime*, laquelle serait même loin d'atteindre en valeur les premières qualités qui sont dans le commerce; encore, avons-nous ouï dire (sans que nous puissions toutefois le garantir) que les prix de pension ci-dessus indiqués avaient été, pendant long-temps, portés à un taux beaucoup plus élevé, et qu'ils ont été récemment réduits à la fixation actuelle!..... Nous le répétons, l'entreprise de M. de Polignac nous étonne par sa hardiesse, et l'on verra, par les détails suivans, que nous avons cru devoir être plus prudens quand nous avons voulu, *en* 1817, sur une bien plus petite échelle, fonder également un *troupeau de spéculation*.

Après avoir étudié la localité qui nous était offerte, et nous être assurés qu'elle était favorable, tant sous le rapport de la qualité que de la quotité des ressources en fourrages, en parcours et en logement, nous avons placé dans cette localité un troupeau, porté successivement au nombre de mille bêtes, sous la conduite de *nos propres bergers* et la surveillance d'un régisseur *également à nous*. Le propriétaire du domaine s'est engagé à nous fournir :

1°. Les fourrages nécessaires à la consommation du troupeau, à raison de deux francs les cinquante kilogrammes pour les foins naturels, un franc soixante-quinze centimes pour les regains de foins naturels, et un franc cinquante centimes pour les luzernes, trèfles et sainfoins:

2°. De belles et vastes bergeries, et le pâturage suffisant pour l'estivage complet du troupeau tout entier, pour la somme annuelle de trois cents francs;

3°. Toute la paille nécessaire à une abondante litière, en échange de la totalité du fumier.

Dans cette localité, où il faut compter cent cinquante jours pleins à la crèche, les registres de cette bergerie nous montrent que les bêtes qui la composent ont consommé annuellement *de deux cent soixante-quinze à trois cents livres au plus, toute nourriture quelconque réduite valeur en foin.*

D'après cela, il sera facile à M. le comte de Polignac de faire le compte de ce troupeau : qu'il prenne la moyenne du prix des fourrages, qui se réduit à un franc soixante-cinq centimes, proportion gardée des espèces que le domaine fournit; qu'il multiplie ce nombre par trois; qu'il ajoute au produit les frais de garde et de surveillance et les trois cents francs de loyer des bergeries et pâturages, le tout réparti sur le nombre de mille bêtes, et il verra, en définitive, que si chaque toison de cette bergerie ne valait que *sept* francs environ, la bête ne donnerait guère de profit net que celui de son croît, mais que si les toisons valent déjà en moyenne, *par le fait du perfectionnement*, de *quatorze* à *quinze* francs, le profit peut paraître satisfaisant, malgré que les animaux ne soient pas de l'espèce dite de *forte branche*. Nous avons ouï dire qu'on pourrait, en France, faire encore mieux que cela en fait de placement de *troupeaux de spéculation*, et on nous donne l'espoir de produire ailleurs pour cinq à six francs ce qui nous coûte encore de sept à huit francs : M. le comte de Polignac peut être convaincu que nous ne négligerons rien pour réaliser cet espoir.

Quant aux troupeaux que nous entretenons sur nos propres domaines, à Naz et aux environs, le fumier qu'ils produisent sert à faire croître leur nourriture au râtelier, où ils vivent également de cent cinquante à cent soixante jours de l'année; le reste du temps, ils trouvent toute la nourriture qui leur est nécessaire sur les parcours communs du pied du Jura : leur consommation annuelle est la même que ci-dessus. C'est donc encore sur environ *trois quintaux* (valeur en foin) qu'il faut compter pour chaque tête. Le foin se maintient, dans ce pays-là, au prix moyen d'environ *trois francs le quintal;* mais il ne nous coûte pas, à beaucoup près, autant à produire, attendu que nous avons relativement d'autant plus de fumier à répandre sur nos prairies, tant naturelles qu'artificielles, que les pâturages dont nous jouissons sont étrangers aux domaines, et que la surface de ceux-ci peut être beaucoup plus chargée de bêtes que celle des fermes qui n'ont pas les mêmes ressources en parcours.

Ce ne serait rien apprendre à M. le comte de Polignac, que de lui dire combien nous avons de bergers et de régisseurs, et quels sont leurs gages et leurs traitemens. Quant au parti que nous tirons de nos laines et de nos animaux de reproduction, on sait que nous trions et lavons nous-mêmes à l'eau froide et vendons directement au fabricant, qualité par qualité, à des prix dont nous n'avons point à nous plaindre, et que le but de nos efforts est de créer le plus grand nombre possible de ces toisons, qui, au triage, passent presque toutes entières en *première prime*; on sait également que nous vendons tous les ans un certain nombre de mâles et de femelles, dont la classe détermine la valeur. Malgré tout notre désir de répondre aux sommations pressantes de M. le comte de Polignac, nous ne voyons pas quelles autres explications il pourrait être utile de lui donner touchant les dépenses et les produits du troupeau de Naz. Il nous semble qu'en voilà assez pour faire comprendre que nous ne sommes pas des derniers à bénir le bienfait de l'introduction des mérinos en France et à rendre hommage aux travaux des agronomes aussi zélés qu'habiles, qui, secondant les vues de l'infortuné Louis XVI, contribuèrent à compléter et à consolider cette importante conquête.

Ils eurent autant de peine à vaincre les préjugés qui s'opposaient alors à la propagation des bêtes à laine fine, qu'on en éprouve encore aujourd'hui à vaincre certaines résistances qui s'opposent à leur perfectionnement, avec la différence toutefois que les manufacturiers eux-mêmes luttaient autrefois contre l'importation des races espagnoles, dans la persuasion où ils étaient qu'on ne parviendrait jamais à acclimater en France ces races, qui ne devaient, disaient-ils, tout leur mérite qu'au sol, au climat, aux habitudes de transhumance et autres circonstances du régime pratiqué dans les cavagnes de la Péninsule, et aussi dans la crainte que, par forme d'encouragement pour les propriétaires des troupeaux importés, on ne songeât à prohiber les laines espagnoles, alors si nécessaires à nos fabriques. Éclairés maintenant par les résultats obtenus en France et dans l'Europe orientale, ils sont les premiers à solliciter l'amélioration des troupeaux nationaux ; mais encore aujourd'hui on entend dire des troupeaux superfins ce qu'on disait il y a trente ans des mérinos venus d'Espagne..... « Cela » ne convient qu'à un petit nombre de propriétaires

» qui peuvent faire des sacrifices..... Si tout le monde » faisait de la laine fine, elle perdrait bientôt toute sa » valeur..... Cette matière n'a qu'un emploi borné..... » Elle ne peut pas entrer dans la masse de la consom- » mation..... On sait ce qu'en demandent les fabriques » pour les besoins de la classe opulente; quand ces » besoins seront satisfaits, on ne saura plus qu'en » faire..... Cela coûte trop à nourrir et à entretenir; » cela exige trop de soins..... C'est une affaire de mode; » cela passera......... Gardons-nous, en attendant, de » dénaturer ce que nous possédons; ce serait nous » préparer des regrets pour l'avenir...... Notre climat » et notre sol ne sauraient d'ailleurs convenir à ces » races..... Ce sont le climat et le sol qui font tout..... » C'est en vain qu'on s'efforcerait de faire ailleurs » qu'en Espagne de la laine mérinos......, etc., etc. »

Voilà, à peu de chose près, tout ce qu'on disait alors et ce qu'on répète encore journellement.... : et, cependant, l'agriculture française a changé de face, par la multiplication des mérinos, quelque peu de soin qu'on ait pris pour les perfectionner ; leur nombre s'est accru d'une manière prodigieuse; les prairies artificielles ont servi à les nourrir, et leurs engrais ont servi à multiplier les prairies artificielles; le revenu brut de plusieurs de nos provinces a décuplé, par l'effet de l'impulsion que toutes ces ressources agricoles ont produite et ces grands résultats sont venus donner un éclatant démenti aux argumens des détracteurs de la propagation des mérinos....; il nous est permis d'espérer que l'avenir donnera un semblable démenti aux argumens avec lesquels quelques personnes s'efforcent encore aujourd'hui de repousser l'amélioration.

Il est désormais démontré que le sol et le climat de la France sont aussi favorables à l'entretien du mérinos superfin qu'à celui du mérinos tel qu'il nous est venu d'Espagne : les expériences faites, depuis plusieurs années, au moyen des bêtes de Naz introduites avec succès dans un grand nombre de départemens, et les importations de bêtes de Saxe dues au zèle de quelques propriétaires, à la tête desquels on doit citer l'honorable M. Ternaux, ne laissent plus aucun doute sur les questions de sol et de climat, auxquelles on attachait autrefois d'autant plus d'importance qu'on avait moins d'égard à l'influence toute-puissante de l'étalon ; c'est cette influence qu'il faut savoir apprécier : sur ce point, les étrangers sont nos maîtres.... : on sait quelle attention scrupuleuse ils apportent au choix de la race et de l'individu chargé de la propager ; ce qu'on raconte des sommes énormes payées en Angleterre pour le seul saut d'un étalon de grande distinction fait assez voir qu'on a compris, dans ce pays, ce que c'est que *l'ancienneté et la constance de sang* chez les animaux. Pourquoi ne conserverait-on pas la généalogie d'un bélier de pure et ancienne race comme on conserve celle d'un cheval étalon, arabe, ou anglais ? Un bélier *de pur sang* change de face un troupeau dès la première génération : s'il est d'ailleurs pourvu des qualités requises, sous le rapport de la beauté et de l'égalité de la toison, de la bonne construction, de la santé et de la vigueur, c'est un animal précieux et dont les services ne peuvent être estimés à trop haut prix.

Nous ne connaissons pas les individus de race de Naz vendus par M. le vicomte de Jessaint à la Couronne pour être donnés à M. le comte de Polignac ; mais nous pensons qu'ils sont en tout dignes du nom qu'ils portent et de la destination qu'ils ont reçue; nous ne sommes donc point inquiets du résultat qu'obtiendra M. le Comte : nous croyons pouvoir lui annoncer d'avance qu'avec son système de nourriture, les agneaux qu'il obtiendra de ses grandes brebis montées par nos béliers de moyenne taille, tiendront tout-à-la-fois de leur père pour la *finesse* et *l'égalité* de la toison et de leurs mères pour la *taille et le corsage*; ce qui sera propre à satisfaire son goût, tant qu'il persistera à attacher une grande importance à la grosseur de l'animal. C'est, en effet, une remarque digne d'attention, qui a été faite dans plusieurs contrées étrangères sur d'autres espèces comme sur l'espèce ovine et que notre propre expérience nous confirme tous les jours, savoir : *que pour améliorer une race sous le rapport de la taille et du corsage, il faut choisir les femelles relativement les plus grandes.* Ce fait nous semble devoir s'expliquer d'une manière assez simple, en ce que le germe fécondé par le mâle doit nécessairement, dans un espace plus grand, se développer plus à l'aise : il doit suivre de là que le mâle devra être choisi plutôt *inférieur* que *supérieur* en taille à la femelle; car, il est naturel de penser que, lorsque le mâle aura été plus grand ou plus gros que la femelle, le germe se trouvera plus à l'étroit dans le sein de cette dernière, tout comme rien ne s'opposera à son accroissement dans le cas contraire.

N'est-il pas d'ailleurs reconnu que ce ne sont pas en général les mâles relativement *les plus grands et les plus gros dans leur espèce*, qui se montrent *les plus ardens et les plus propres à la lutte...?* Nous croyons inutile de citer ici aucun des faits nombreux qui viennent à l'appui de cette observation.

Le débat qui s'est élevé entre M. le comte de Polignac et nous nous est d'autant plus pénible, qu'agriculteurs et propriétaires de troupeaux comme lui, nous devons avoir, au fond, les mêmes intérêts, tout comme nous avons la même pureté d'intentions et le même amour du bien public. Cependant, il faut le dire, il nous a paru difficile à comprendre qu'il ait pu, dans sa préoccupation, laisser aller sa plume jusqu'à dénaturer des faits évidens, ou faciles à vérifier, tout en donnant à nos vues de fausses interprétations : nous avouons qu'en répondant à ses attaques, nous n'avons pu tout-à-fait maîtriser un mouvement d'humeur, bien pardonnable quand on se voit accusé avec autant d'injustice et d'irréflexion ; mais l'irritation qui, de part et d'autre, a pu se glisser dans les répliques, n'en est pas moins regrettable en ce qu'elle tend à éloigner les concessions mutuelles et les rapprochemens d'opinion, qui devraient être le plus souvent le résultat de toute loyale discussion.

Au surplus, pour tout ce qui touche à la grande question des meilleures mesures de douanes que l'Administration pourrait prendre dans l'intérêt actuel de la production nationale et pour l'aider à lutter avec moins de désavantage contre celle du dehors, malgré que M. le comte de Polignac semble retirer souvent d'une main ce qu'il a concédé de l'autre, les explications qu'il a données nous ont montré qu'il avait déjà fait de grands pas pour venir au-devant de l'opinion que nous avons émise. Comme lui, en effet, nous demandons *protection pour l'agriculture*, mais protection éclairée, et qui ménage ses propres intérêts en s'étendant sur les manufactures, qui sont ses débouchés naturels ; comme lui, nous demandons des barrières, mais *qui laissent librement entrer les natures, qualités et quantités de laines qui manquent réellement au service complet de nos fabriques* ; comme lui enfin, nous solliciterons instamment des enquêtes sur ce que produit et ce que pourrait produire la France en laines de diverses qualités ; sur les quantités et qualités nécessaires à nos manufactures pour satisfaire aux besoins tant de la consommation intérieure que de l'exportation. Le recensement et le classement, aussi exacts que possible, des troupeaux existans, et la vérification des produits manufacturés provenant de nos fabriques, pour qu'on puisse en tirer d'utiles conséquences, doivent être faits avec beaucoup de soin et de méthode ; ces opérations présenteront plus d'un genre de difficultés... : espérons que l'Administration ne négligera rien pour en assurer le succès.

Quant aux expériences officielles que réclame M. le comte de Polignac entre ses *primes extra-fines et les primes surfines électorales*, il y a long-temps qu'elles sont faites et que leur résultat est complètement connu.... Récemment encore, ce résultat a été de nouveau constaté à la dernière Exposition des produits d'industrie... : elles ne pourront donc rien apprendre qu'on ne sache déjà... Mais pourquoi ne les répéterait-on pas encore, comme il le désire... ? Quand ce ne serait que pour sa propre et particulière satisfaction, nous ne voyons pas quelle raison on pourrait avoir de les lui refuser... : il reconnaîtra un jour, nous n'en doutons pas, que la laine *la plus fine, la plus douce, la plus soyeuse*, en même temps que la *plus élastique et la plus nerveuse* donnera toujours, *à poids égal, sous le même aunage*, le drap tout-à-la-fois *le plus beau, le plus clos et le plus durable.*

Enfin, pour ce qui est de la deuxième question, qui concerne le meilleur système à adopter pour l'éducation des troupeaux, nous ne désespérons pas non plus d'arriver un jour à nous trouver d'accord. M. le comte de Polignac proteste de son désir de *nous épouser*, dès qu'il sera convaincu : nous le prions de croire que nous tiendrons à grand honneur son alliance, et qu'à mesure qu'il nous connaitra mieux il nous en jugera de plus en plus dignes. Les expériences auxquelles il se livre, au moyen des béliers de Naz dont le Roi lui a fait don, et, nous osons nous en flatter, la force des raisonnemens que nous avons fait valoir dans nos différens écrits, que nous le supplions de daigner lire avec quelque attention, feront sur son esprit quelque impression et modifieront, au moins, les opinions qu'il a émises sur plusieurs points importans et que nous n'avons pu partager. Nous laisserons au temps à faire le reste, notre intention et notre vif désir étant de mettre fin, pour notre compte, autant que cela nous sera permis et possible, à cette polémique, qui peut bien jeter quelque lumière sur les questions en litige, mais qui ne permet pas de les approfondir avec la maturité qu'elles exigent; nous tâcherons seulement, dans la deuxième partie du Nouveau Traité, dont nous ne retarderons la publication que le moins possible, d'établir avec clarté les principes que nous croyons les meilleurs et de les appuyer du fruit de nos nouvelles recherches et de l'expérience que nous acquérons journellement. Comme d'autres, nous sommes sujets à l'erreur ; mais si nous nous trompions, au moins, devrait-on rendre justice à nos intentions et à notre désir, aussi désintéressé que vif et sincère, de nous rendre utiles à notre pays.

Les Directeurs de l'Association rurale de Naz,

F. GIROD (de l'Ain),

Vicomte PERRAULT DE JOTEMPS.

Croissy, le 25 Mai 1828.

Paris, Imprimerie de Madame Huzard (née Vallat la Chapelle), rue de l'Éperon, n°. 7.

www.ingramcontent.com/pod-product-compliance
Ingram Content Group UK Ltd.
Pitfield, Milton Keynes, MK11 3LW, UK
UKHW021513260726
13993UKWH00004B/1646